中国少儿百科

细菌和病毒的世界

尹传红 主编　苟利军 罗晓波 副主编

核心素养提升丛书

四川科学技术出版社

一 细菌和病毒

小朋友们，相信你们一定听说过“细菌”“病毒”这些词，但是，你们对它们有多少了解呢？

细菌是非常非常微小的，可它们和大象、树木、蘑菇一样，也属于生物。它们到底有多小呢？小到我们的眼睛没法直接看见它们。

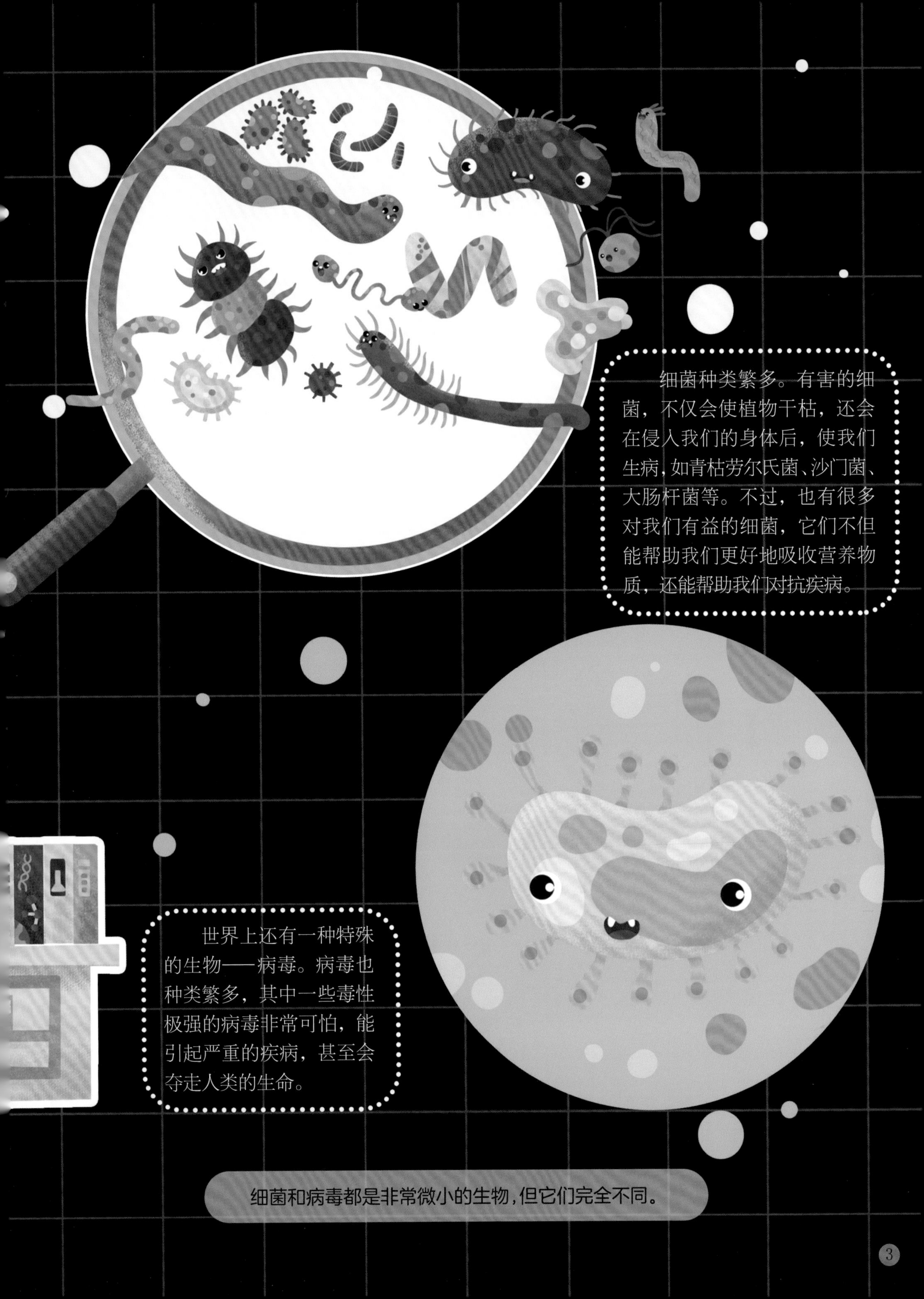

细菌种类繁多。有害的细菌，不仅会使植物干枯，还会在侵入我们的身体后，使我们生病，如青枯劳尔氏菌、沙门菌、大肠杆菌等。不过，也有很多对我们有益的细菌，它们不但能帮助我们更好地吸收营养物质，还能帮助我们对抗疾病。

世界上还有一种特殊的生物——病毒。病毒也种类繁多，其中一些毒性极强的病毒非常可怕，能引起严重的疾病，甚至会夺走人类的生命。

细菌和病毒都是非常微小的生物，但它们完全不同。

细菌具有细胞结构，而病毒没有。病毒主要由遗传物质和蛋白质组成，具有核衣壳（由核心和衣壳构成），大多数病毒还有包膜。

刺突

包膜

衣壳

核心

不同的病毒形状各异，比如新型冠状病毒是球状的，而噬菌体是蝌蚪状的。

病毒能使真菌、植物、动物和人类患上各种疾病。一些病毒在进入人体后，会把包膜上的刺突伸入人体细胞，并向其中注入遗传物质，完成入侵，使人发病。

自然界中的病毒，形状各异，有球状的、杆状的、蝌蚪状的等。
细菌已经很微小了，而病毒比它们更小。我们想观察病毒，通常需要借助电子显微镜。

你知道吗？病毒还能危害细菌呢！有一种噬菌体病毒，能在大肠杆菌上繁殖，最后使大肠杆菌破裂、死亡。
病毒不像细菌那样能够独立生存，它们必须依靠其他生物的活细胞，才能存活、繁殖。

冠状病毒的刺突很像王冠，所以获得了这个名称。
120纳米
90纳米
60纳米
大约 200 万个冠状病毒列成一排，加起来的长度也只和一粒小米的直径差不多。
感染了冠状病毒的人，往往会发烧、干咳、腹泻，还会感到全身无力等。
厕所
这种病毒的传播方式有飞沫传播、身体接触传播等。所以，冠状病毒暴发、流行期间，如果我们到人多的地方，必须要戴口罩，还要和别人保持一定的距离。

二 细菌世界

细菌属于单细胞生物，它们的整个身体，就是一个小小的细胞。我们必须通过显微镜，才能看见这些极其微小的生物。

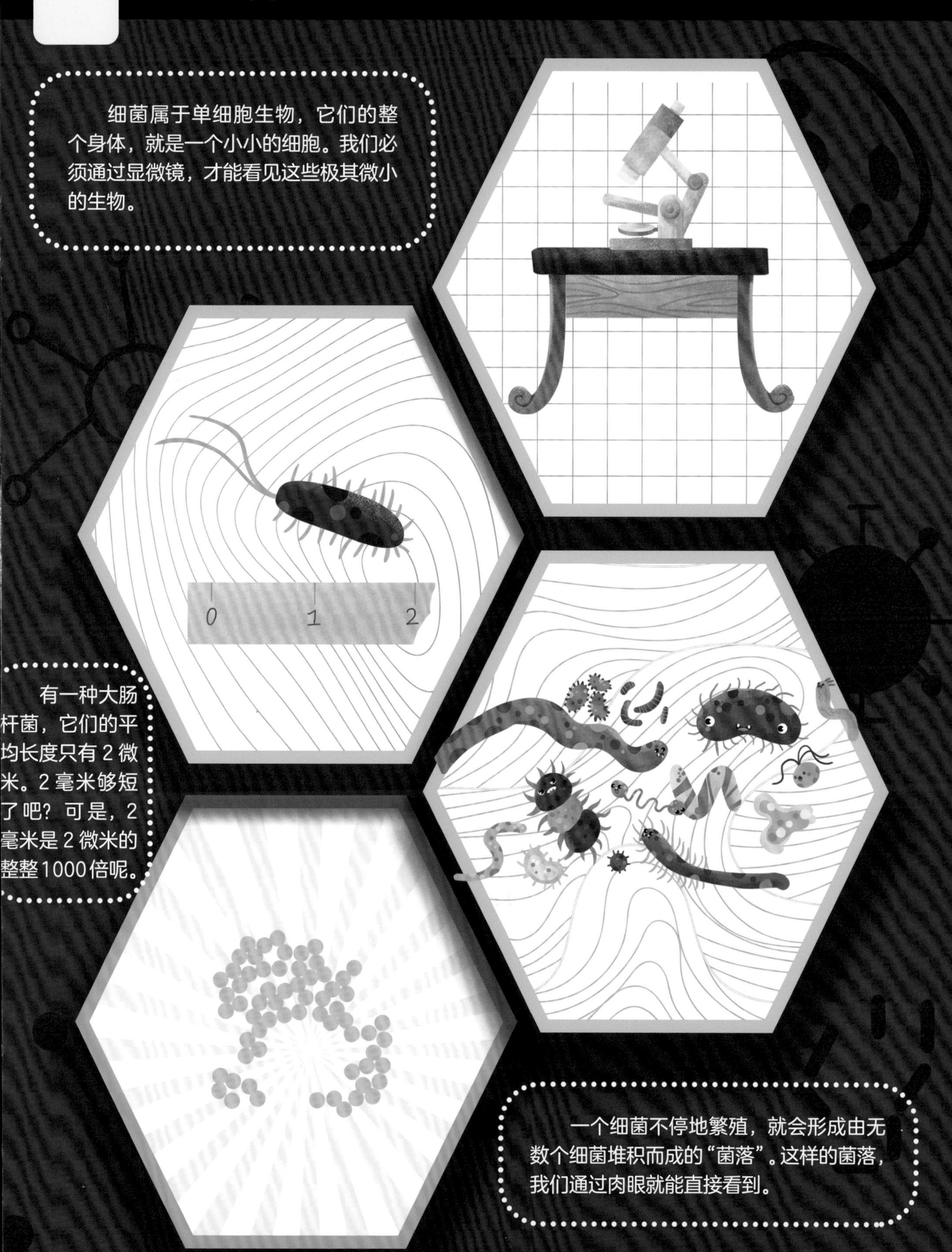

有一种大肠杆菌，它们的平均长度只有 2 微米。2 毫米够短了吧？可是，2 毫米是 2 微米的整整1000倍呢。

一个细菌不停地繁殖，就会形成由无数个细菌堆积而成的“菌落”。这样的菌落，我们通过肉眼就能直接看到。

细菌的种类繁多，依据形状划分，有球状菌、杆状菌、螺旋状菌、丝状菌，甚至还有方形菌和星形菌等。

弯曲的螺旋杆菌，包括弧菌和螺菌等。危害极大的霍乱弧菌，就是弧菌的一种。

有些细菌的样子非常有趣，比如亮发菌好像一撮凌乱的头发，隐蔽热网菌则像一张网。

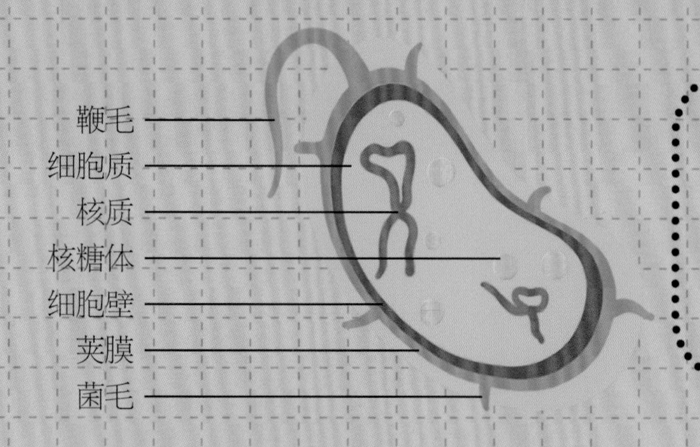

每个细菌都有细胞壁、细胞膜、细胞质和核质。部分细菌还有荚膜、鞭毛和菌毛。

细菌的繁殖能力非常强大。它们一般以二分裂方式进行繁殖，由一个细菌分裂成两个细菌。

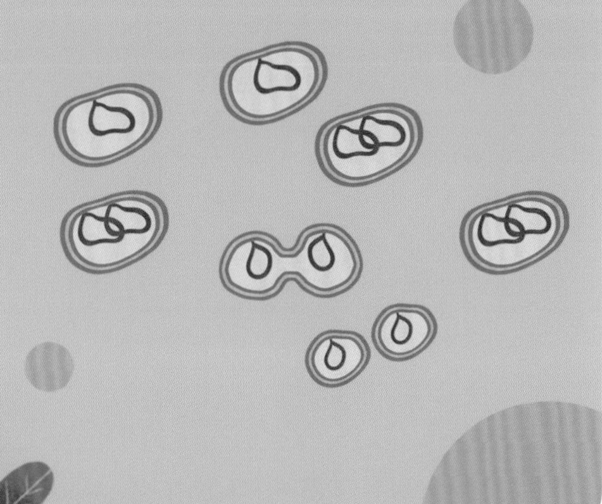

通常，一个细菌二三十分钟就能繁殖一代。以最常见的大肠杆菌为例，它们一天一夜就可以繁殖 72 代，真是令人震惊！

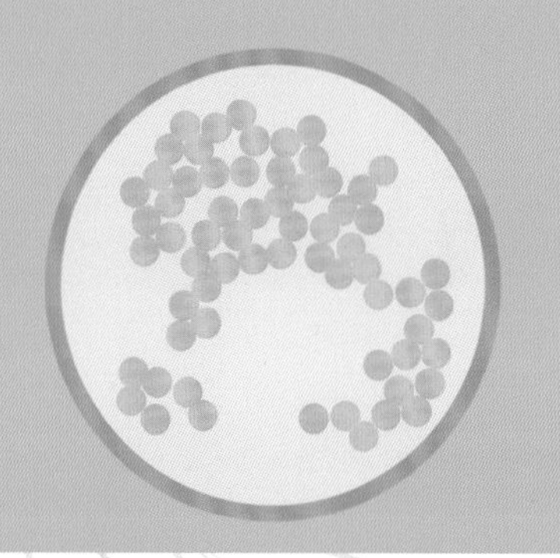

多数细菌很脆弱，通常在高于 100 ℃和低于 -20 ℃的环境中，它们都难以长时间存活。

千百万年来，人们时时刻刻都与细菌相伴。直到 1683 年，荷兰科学家列文虎克才借助自制的显微镜发现了细菌的存在。

后来，法国微生物学家巴斯德经过反复实验，终于证明了细菌是有生命的，大大加深了人们对细菌的认识。

地球的年龄大约是46亿岁，约35亿年前，细菌就已经在地球上诞生了。

在日常生活中，我们和细菌的接触一点儿也不少。小朋友爱玩的滑梯、足球等物体上，就沾着很多细菌。我们使用的手机虽然看起来很干净，但其实一部手机上就有上千万个细菌。

那些“嗡嗡”叫着飞来飞去的苍蝇，真令人讨厌。一只苍蝇身上的细菌，能有60多种，上百万个。

土壤里所含的细菌更是不少，仅仅一克土壤就含有上亿个细菌。其中放线菌产生的化学物质，能发出土腥味。

有害细菌的害处可不小。它们能分解食物中的营养物质，并使其发出臭味。

蛋和肉容易被沙门菌污染，肉和奶容易被金黄色葡萄球菌污染，而美味的海产品则容易被副溶血性弧菌污染。

有害细菌还会对植物下手。不过，植物体内有一套“防御系统”，不仅能对抗病虫害，还能对抗有害细菌。

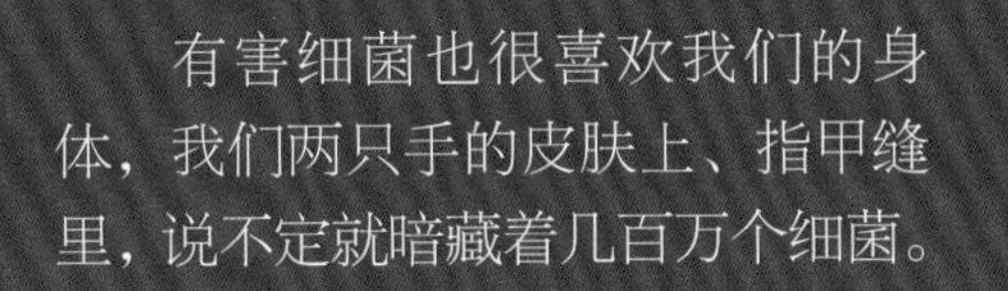

有害细菌也很喜欢我们的身体，我们两只手的皮肤上、指甲缝里，说不定就暗藏着几百万个细菌。

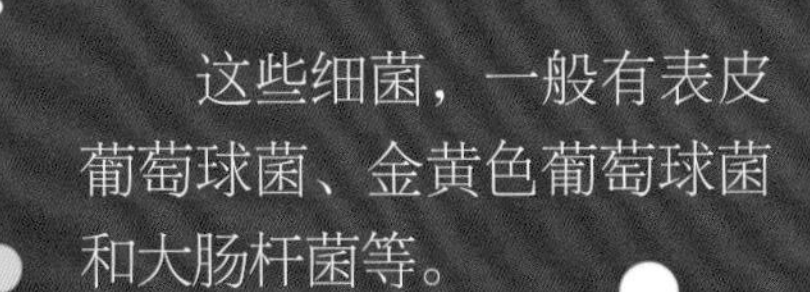

这些细菌，一般有表皮葡萄球菌、金黄色葡萄球菌和大肠杆菌等。

我们身上其他部位的皮肤，也是多种细菌的聚集地，这些细菌可能导致我们患上皮肤疾病。

这么多细菌，是不是让大家有点慌了神儿？别怕，只要我们讲卫生，勤洗手、勤洗澡，就可以有效避免一些有害细菌的侵袭。

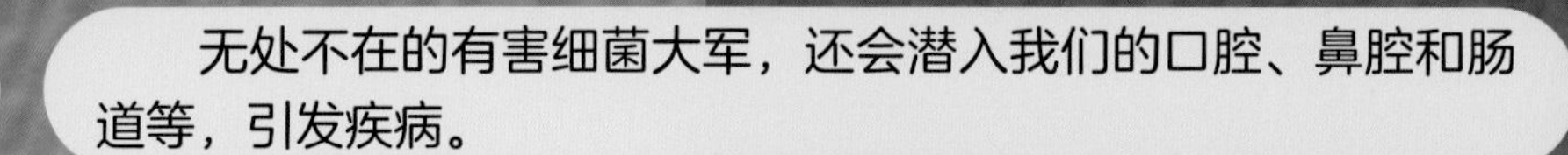
无处不在的有害细菌大军，还会潜入我们的口腔、鼻腔和肠道等，引发疾病。

我们的口腔里有弱碱性唾液和食物残渣，对细菌的生长、繁殖很有利。

每一天，空气中的很多细菌都会被我们吸进鼻腔里。我们的鼻涕能把鼻腔里的一些细菌和污垢黏住，阻止它们进入，还能保持鼻腔黏膜湿润。

我们的肠道，既有沙门菌、大肠杆菌等有害菌，也有有益菌，如双歧杆菌等。

三 人体“抗菌战”

在漫长的岁月里，地球环境不断变迁，细菌也随之不断进化。在这个过程中，地球上逐渐进化出了许多危害性强、很难灭杀、能引起人类疾病的细菌，我们称之为致病菌。

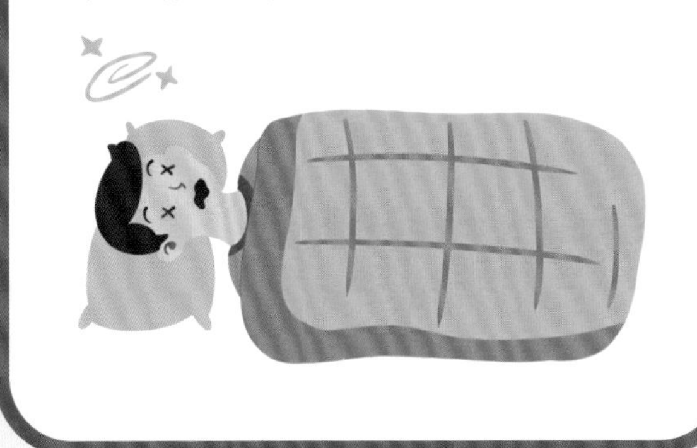

那么，这些有害的致病菌，是怎样侵袭我们，让我们生病的呢？

原来，致病菌会通过皮肤伤口、呼吸道、消化道等侵入我们的身体，然后破坏身体的局部组织。更糟糕的是，这些致病菌还会在我们体内大量繁殖，释放毒素，最后我们就生病了。

还有一些致病菌，会通过动物传播。曾经使无数人失去宝贵生命的鼠疫，就是鼠疫耶尔森菌通过老鼠身上的鼠蚤，在人群中传播而造成的。

可怕的致病菌会让我们的身体出现各种不同的症状。

如果皮肤感染了金黄色葡萄球菌，会让我们的毛囊发炎——这种球菌会破坏白细胞，使我们的皮肤上长出红色的脓包。

霍乱弧菌长着菌毛，它们利用这些菌毛紧紧粘在人们的肠道壁上，这样就不会被排泄物带走了。

霍乱弧菌还能产生外毒素，引起严重的呕吐和腹泻，非常可怕。

肺炎链球菌能导致肺炎，使人发烧、咳嗽。

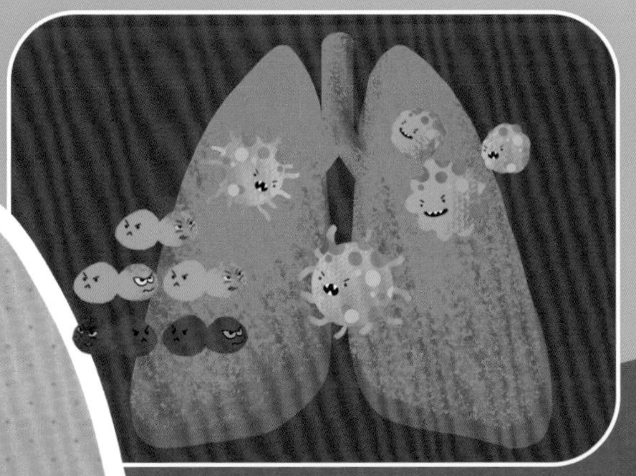

不过，大家也不要太担心。通常，这些致病菌入侵我们身体的过程并不顺利。因为，我们的身体具有强大的抵御致病菌的能力。同时，及时进行药物治疗也可以有效治愈致病菌引起的疾病。

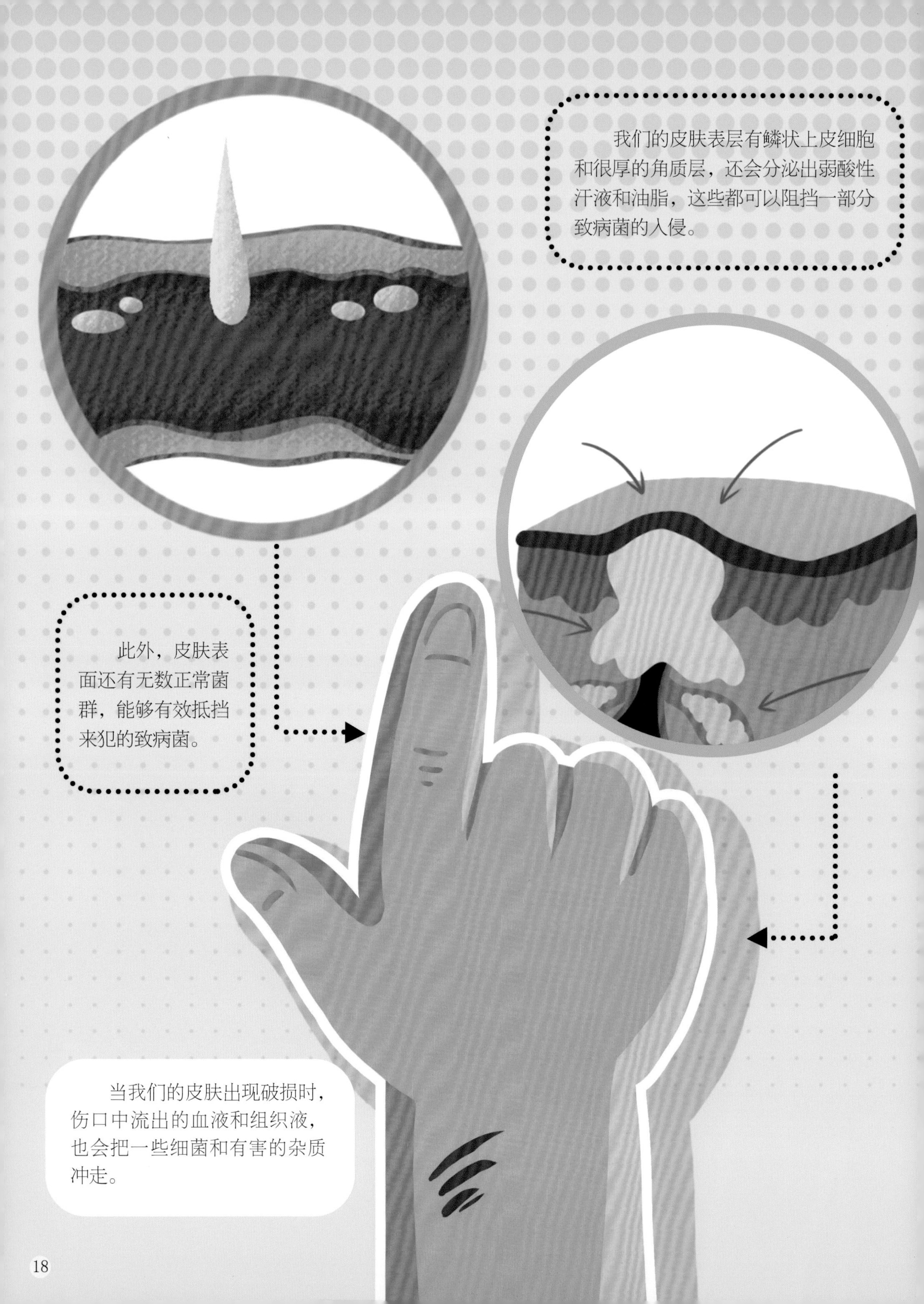

我们的皮肤表层有鳞状上皮细胞和很厚的角质层，还会分泌出弱酸性汗液和油脂，这些都可以阻挡一部分致病菌的入侵。

此外，皮肤表面还有无数正常菌群，能够有效抵挡来犯的致病菌。

当我们的皮肤出现破损时，伤口中流出的血液和组织液，也会把一些细菌和有害的杂质冲走。

我们的唾液不但能清洁口腔，软化食物，还能对抗致病菌的入侵。

我们咽部的扁桃体，也是人体免疫系统的一部分。扁桃体中含有大量淋巴细胞和巨噬细胞，这些细胞能够识别并消灭侵入人体内的细菌。当细菌侵入扁桃体时，扁桃体还会产生抗体来中和细菌，防止它们进一步侵入身体其他器官。

人体内的淋巴结，有几十亿个能抗击致病菌的淋巴细胞，当它们和致病菌展开激烈“战斗”时，我们的淋巴结就会肿起来。

此外，淋巴结还能过滤淋巴液，清除致病菌和病毒。

你们知道吗，打喷嚏也可以帮助我们的扁桃体排出致病菌哦！

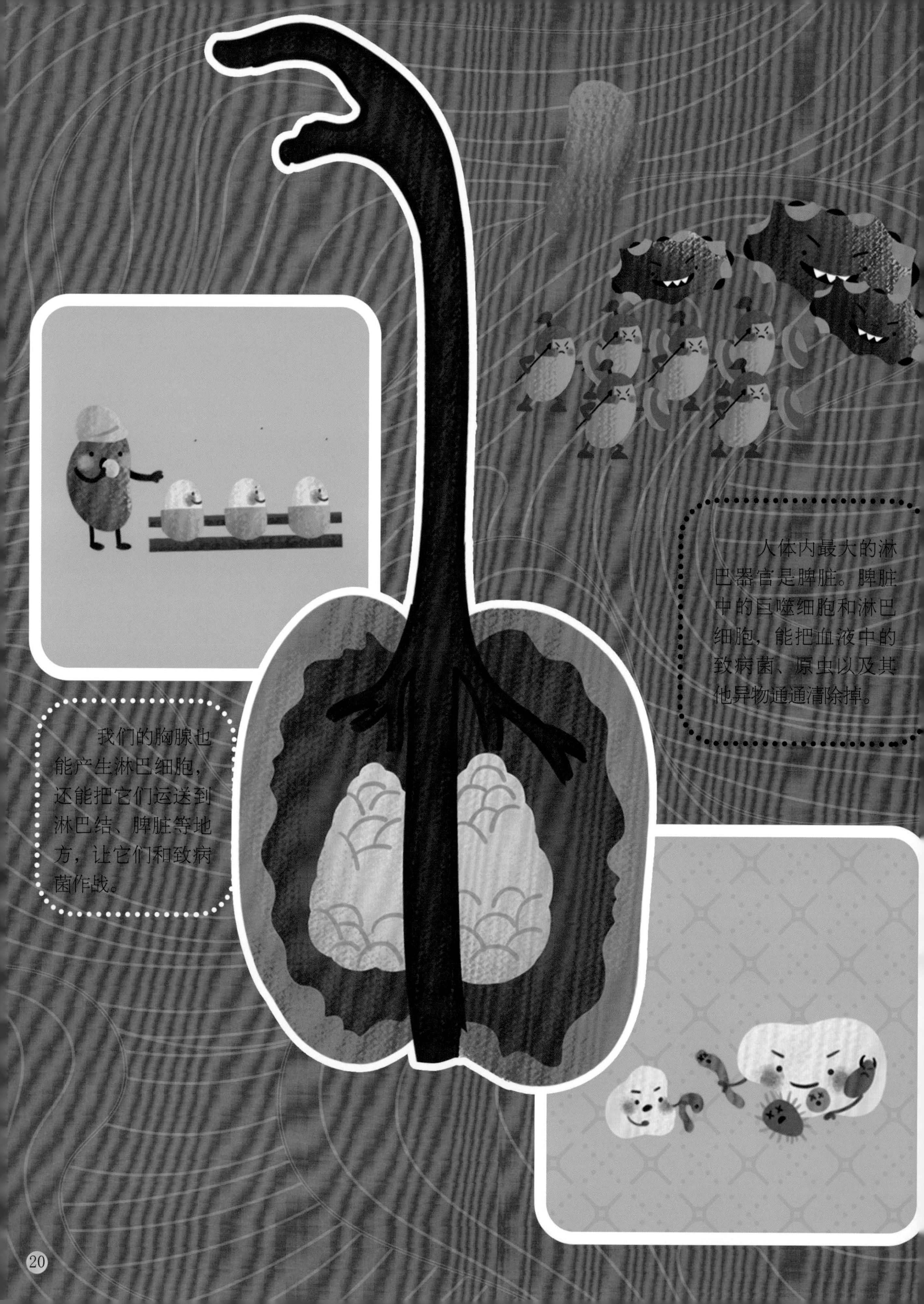

我们的胸腺也能产生淋巴细胞，还能把它们运送到淋巴结、脾脏等地方，让它们和致病菌作战。

人体内最大的淋巴器官是脾脏。脾脏中的巨噬细胞和淋巴细胞，能把血液中的致病菌、原虫以及其他异物通通清除掉。

大家有没有想过，我们为什么会吐痰呢？

黏膜分泌出的黏液中，含有不少抗菌物质，它们能把肺部的致病菌紧紧地粘住，最后以痰的形式把致病菌排出体外。

大家都觉得咳嗽很不舒服，但其实咳嗽也能起到排菌的作用。

我们胃液中的胃酸，也具有极强的杀菌能力。有时候，胃中的致病菌实在太多时，胃就会大量分泌胃酸，刺激胃部神经，让我们感到恶心，引起呕吐，使我们把胃里的食物连同致病菌一起吐出来，这也是人体自我保护的一种方式。

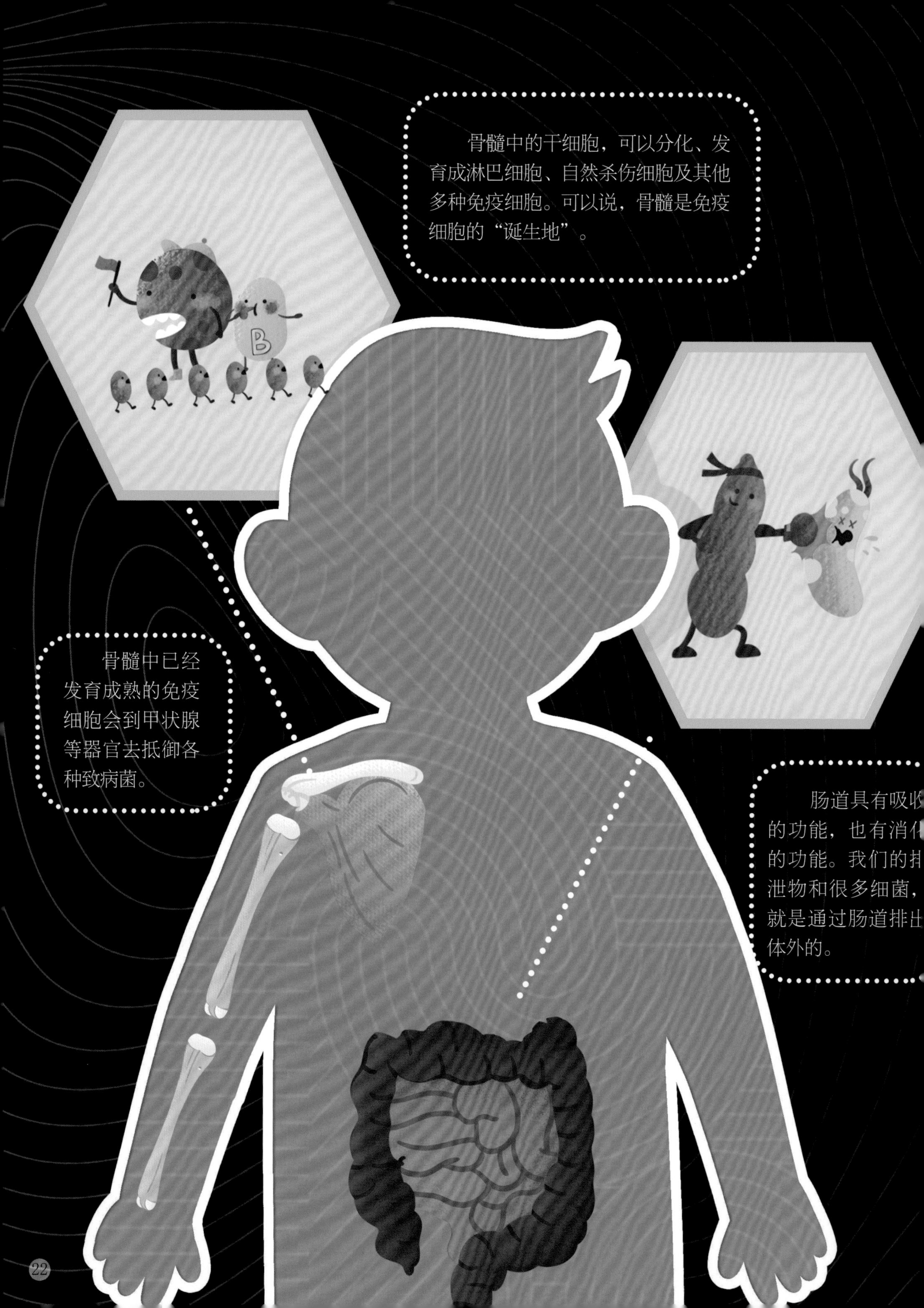
骨髓中的干细胞，可以分化、发育成淋巴细胞、自然杀伤细胞及其他多种免疫细胞。可以说，骨髓是免疫细胞的“诞生地”。
B
骨髓中已经发育成熟的免疫细胞会到甲状腺等器官去抵御各种致病菌。
肠道具有吸收的功能，也有消化的功能。我们的排泄物和很多细菌，就是通过肠道排出体外的。

四 抗菌物质和杀菌药

在古时候，人们就已经懂得利用某些植物来杀灭有害菌了。

小朋友，你见过蓍草吗？这是一种疗效很好的草药。在很久以前，人们就用蓍草来治疗致病菌引起的扁桃体炎、痢疾和急性肠炎等疾病。

艾叶也能抑制某些致病菌，预防瘟疫。所以，古人在过端午节时，家家户户都会挂起艾叶，或熏艾叶。

艾叶散发出的香味，能驱赶蚊蝇。

诸葛亮是三国时期著名的军事家。相传有一次，他率军出征，可是很多士兵染上了痢疾。诸葛亮于是命人将大蒜捣碎让他们服下，士兵们很快就痊愈了。原来，大蒜中的大蒜素，正是杀菌消炎的良药。

其实，很多植物都具有杀菌或抑菌作用。

柠檬桉的树皮、叶子和根中的抑菌物质，是金黄色葡萄球菌和分枝杆菌的克星。

芦荟中的芦荟酊也具有很强的抗菌作用。

洋葱中含有大量杀菌物质，地榆也能用于抑菌。

据说，2300多年前的欧洲，有的士兵在战斗中受伤后，就把银片放在伤口上，防止其被感染。

原来银离子也是抗菌的一大利器。

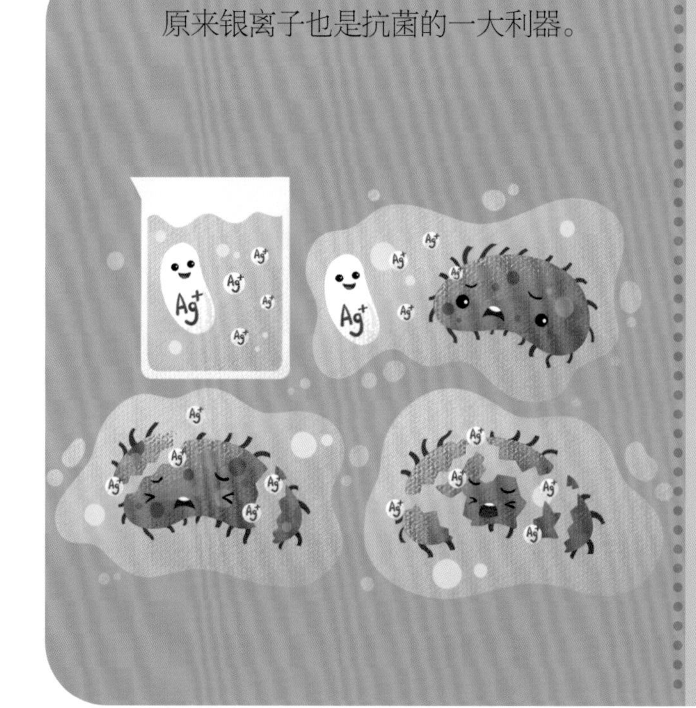

银离子能与细菌结合，破坏它们的细胞壁和细胞膜等结构，从而抑制细菌生长。

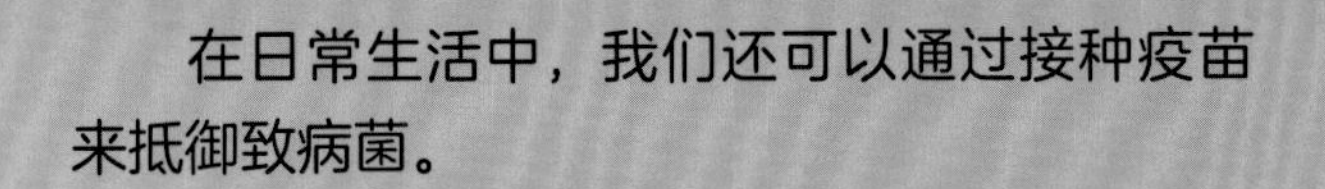

在日常生活中，我们还可以通过接种疫苗来抵御致病菌。

疫苗中含有某种已经灭活或毒性减弱的病原微生物，当它们被注入人体后，会促使淋巴细胞产生相应的抗体。如果再有类似病原微生物侵入我们的身体，它们很快就会被抗体发现，并被精准消灭。

在20世纪30年代，德国科学家多马克利用磺胺研制出了世界上第一种抗生素。

19世纪80年代，法国微生物学家巴斯德成功研制出鸡霍乱疫苗、炭疽疫苗等多种疫苗，为人类的健康事业做出了卓越贡献。

1928 年，英国的细菌学家发现了一种青色霉菌，并从中分离出了青霉素。
青霉素的杀菌能力很强，它能造成细菌细胞壁的缺损，使细菌因细胞质流失而裂解、死亡。
有些细菌会把磺胺误当成食物吃掉，但磺胺是没有营养的，结果，这些细菌就被活活“饿”死了。

五 有益菌的功劳

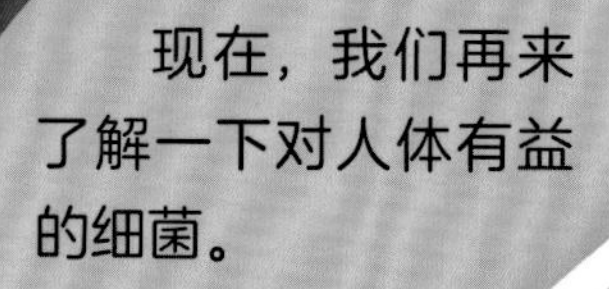

现在，我们再来了解一下对人体有益的细菌。

在工业上，巨大芽孢杆菌常被用于生产葡萄糖异构酶，它在乙醇的生产过程中发挥了十分重要的作用。

乳酸杆菌、双歧杆菌和巨大芽孢杆菌都是有益菌。如果我们的肠道菌群失调，就会造成腹泻、便秘，非常麻烦。这时，如果及时补充乳酸杆菌和双歧杆菌等有益菌，就可以解决这个问题。

几乎人人家里都有醋，这种调味品有一定的营养价值，能增进食欲，有利于食物的消化，还能降低血脂。醋，就是在一种有益菌——醋酸菌的作用下形成的。

在食品领域，有益菌也为我们提供了不少帮助。

大家都喝过酸奶。酸奶就是牛奶加入适量的有益菌发酵而成的。

牛奶中含有大量乳糖，有人因为乳糖不耐受，喝了牛奶就会感到不舒服。不过，酸奶中大部分的乳糖都被乳酸杆菌分解了，乳糖不耐受的小朋友可以选择喝酸奶。

瘤胃细菌能帮助奶牛更好地产奶。

瘤胃细菌是反刍动物（如牛、羊）的瘤胃中的一类微生物，这些细菌是反刍动物消化系统中的重要组成部分，它们帮助反刍动物分解植物纤维素和其他难以消化的物质，从而提供营养物质供反刍动物吸收利用。

对于庄稼的健康成长，有益菌也发挥了积极作用。属于固氮菌的根瘤菌，可以使豆类植物的根部形成一个个“小疙瘩”。这些“小疙瘩”能把空气中的氮聚集起来，转化成营养物质，被豆类吸收。于是，感染了根瘤菌的豆类植物产量反而更高了。

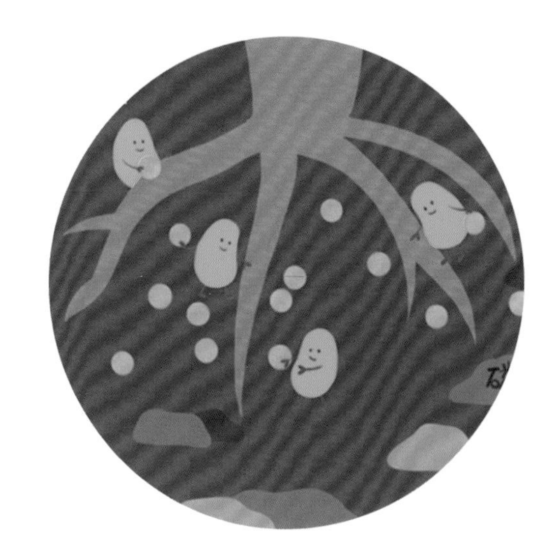

解钾菌能够分解土壤中的矿物质，如钾和磷，供植物吸收，促进植物的生长。钾还能增强农作物的抗旱、抗病能力。

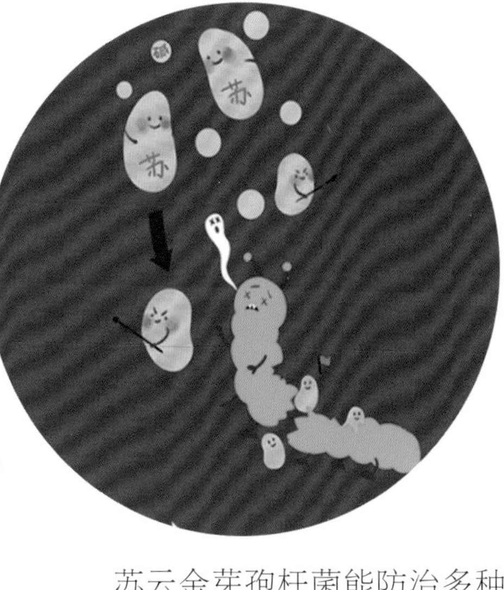

苏云金芽孢杆菌能防治多种害虫，而且不会对农作物产生毒副作用，这是很多化学农药都不具备的优势。

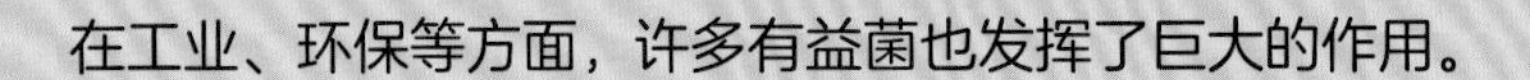

在工业、环保等方面，许多有益菌也发挥了巨大的作用。

石油被称为“工业的血液”，是重要的工业原料。有一种嗜油菌，能够降解石油烃，使石油的黏度降低，更容易流动。这样一来，人们开采石油、清理海上油污就方便多了。

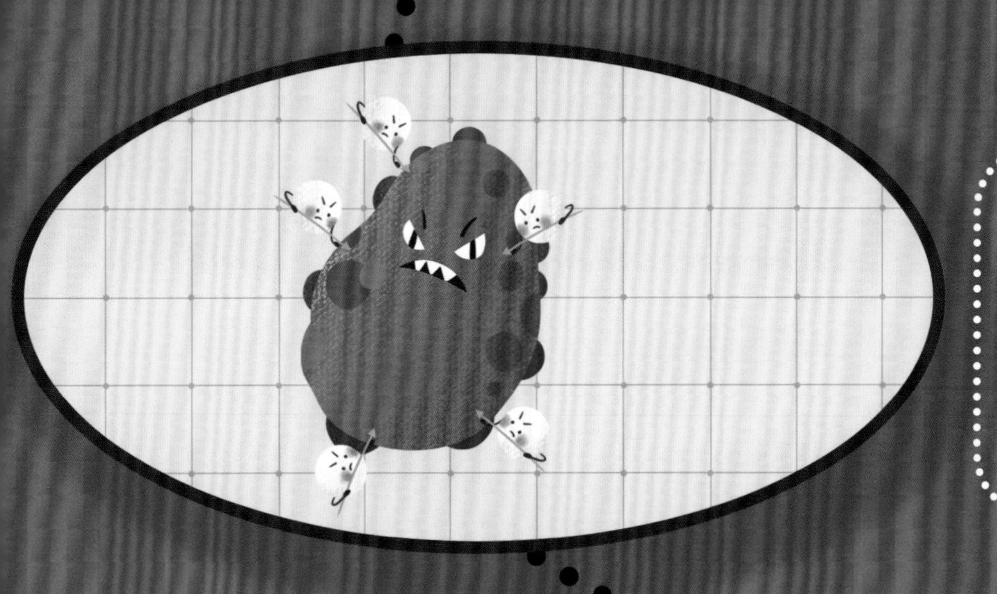

不管是工业废水，还是生活废水，大多都含有大量有毒、有害物质，很可能危害我们的健康。幸运的是，很多细菌具有分解有害物质的能力。

在人们利用细菌处理秸秆等废弃物的过程中，会产生可利用的生物能源。蓝细菌和假单胞菌中含有的酶，可以使秸秆发酵，用于制造生物柴油。

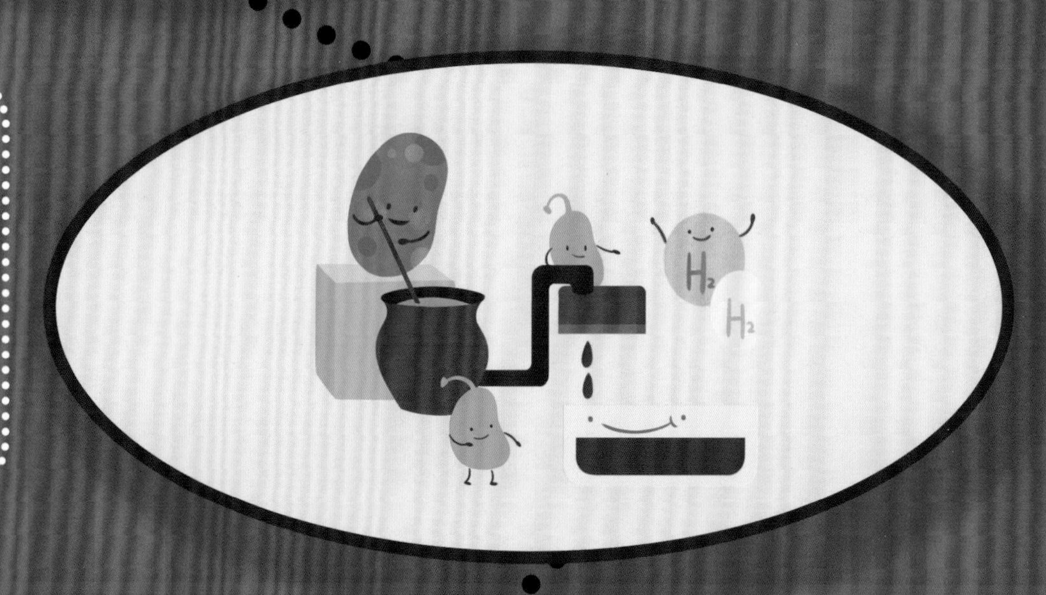

许多有毒的有机物，却是一些细菌的食物。这些细菌分食有毒有机物的过程中，会将其转化为自己的一部分，或者转化成水和二氧化碳。

六 小心细菌和病毒!

那么，我们应该怎样抵御致病菌和病毒，不让它们危害我们的健康呢?

正确的做法是：按时接种疫苗，合理使用抗生素，多饮用干净的水，适当地进行运动，保持充足的睡眠等。

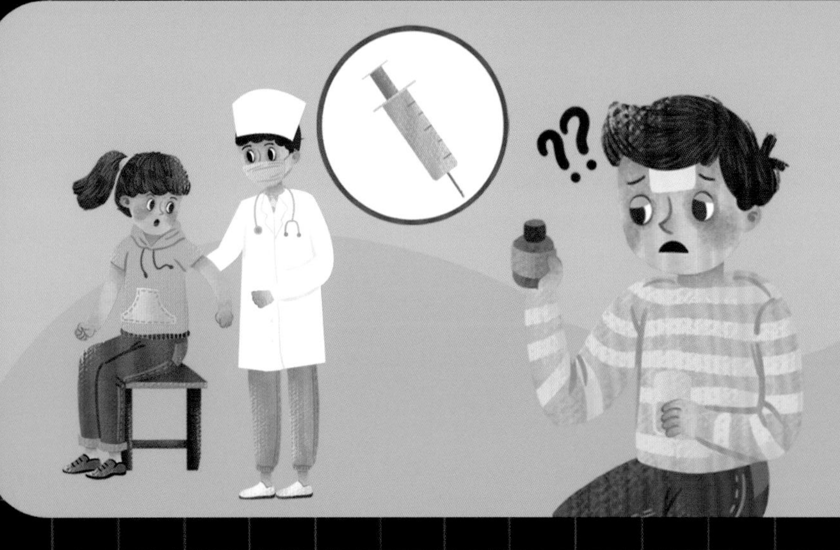

接种疫苗使我们的身体能很好地预防由细菌、病毒引起的传染病。多喝水可以使我们鼻腔、口腔中的黏膜变得湿润，这样能更好地挡住外来的细菌和病毒。

适当的运动，可以提高身体的免疫力，帮助我们抵抗细菌和病毒的侵袭。

另外，我们还要勤洗手、勤刷牙，经常打扫卫生。

把我们生活的地方打扫干净，空气里的细菌、病毒就能减少很多。

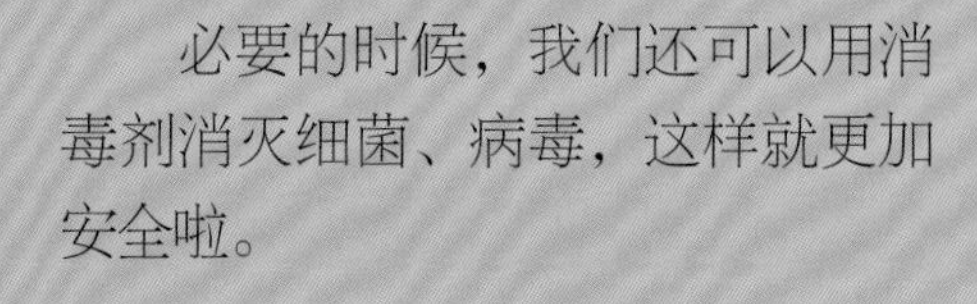

图书在版编目(CIP)数据

细菌和病毒的世界 / 尹传红主编；苟利军，罗晓波副主编. -- 成都：四川科学技术出版社，2024. 9. (中国少儿百科核心素养提升丛书). -- ISBN 978-7-5727-1536-5

Ⅰ. Q939-49

中国国家版本馆 CIP 数据核字第 2024SP2905 号

中国少儿百科　核心素养提升丛书

ZHONGGUO SHAO'ER BAIKE HEXIN SUYANG TISHENG CONGSHU

细菌和病毒的世界

XIJUN HE BINGDU DE SHIJIE

主　　编　尹传红

副 主 编　苟利军　罗晓波

出 品 人　程佳月

责任编辑　税萌成

助理编辑　翟博洋

选题策划　鄢孟君

封面设计　韩少洁

责任出版　欧晓春

出版发行　四川科学技术出版社

成都市锦江区三色路 238 号　邮政编码 610023

官方微博 http://weibo.com/sckjcbs

官方微信公众号　sckjcbs

传真 028-86361756

成品尺寸　205 mm × 265 mm

印　　张　2.25

字　　数　45 千

印　　刷　成业恒信印刷河北有限公司

版　　次　2024 年 9 月第 1 版

印　　次　2024 年 10 月第 1 次印刷

定　　价　39.80 元

ISBN　978-7-5727-1536-5

邮　　购：成都市锦江区三色路 238 号新华之星 A 座 25 层　邮政编码：610023

电　　话：028-86361770